U0310674

别把地球装进塑料袋

[俄罗斯] 阿霞·米兹科维奇 / 著

张秀芬 / 译

重庆出版集团 重庆出版社

亲爱的大人们！

我们来做个实验：取两个玻璃瓶，倒入水，其中一个瓶子放入水母，另一个放入透明的塑料袋。然后摇一摇瓶子，让塑料袋在水中漂动，就像水母在大海里游动一样。让我们想象一下，一只饥饿的海龟会误将塑料袋当成水母吃掉吗？这种可能性有多大呢？答案是，会，可能性很大。

每年至少有 10 万只海洋动物因塑料而死。不仅是野生动物，城市居民也为这种"方便又便宜"的塑料付出了代价。从提取原料开始，塑料就会对环境造成危害。在生产过程中，为了让塑料具备人们所需的各种性能，还需要往里添加各种有毒物质。等到塑料变成垃圾，首先会污染环境，接着会污染我们吃的食物。

如果我们继续大量使用一次性的塑料用品，我们的后代可能再也见不到水晶般清澈的贝加尔湖。大海中畅游的水母，说不定会被成群的塑料袋替代。我们的后代应该有一个美好的未来，你们说呢？

那些已经生产和使用过的塑料应该被回收，但更重要的是从现在开始拒绝使用一次性的塑料产品，使用可重复使用的替代品。一个网袋可以替换 500 个塑料袋，使用可重复使用的产品不仅节省了自然资源，还保护了动物的生命。

这本书讲述了塑料世界的故事。阅读愉快！

爱护地球！

伊琳娜·科兹洛夫斯基

"零废弃"运动倡导者

"绿色和平"组织俄罗斯分部负责人

为什么要阅读这本书?

也许你们有一个充满好奇心的孩子。有的孩子不明白为什么秋天树叶要落下来;有的孩子抓着父母的手,去森林里寻找宝物;有的孩子看到彩虹十分高兴;有的孩子任性哭闹,只因为大人不能回答他们所有的问题;有的孩子会和花草、小动物做朋友,有时候还会在自己的周围建造一个魔法世界。

孩子都是小小的科学家。

我想,解释重要的事情应该尽量使用简单的语言,让每一个孩子都能明白。

孩子想要探究什么，大人是无法阻止的。他们会想尽办法解决困难，绝不退缩。同时，大人也会从他们身上学到新东西。

　　我们向孩子传授重要的知识，孩子也许会将它们传达给自己周围的小伙伴。恰好，我们的星球需要这样的传递。

　　近100年来，人类创造了很多奇怪的东西，但没有考虑过它们带来的后果。最近10年来，这些后果越来越明显，不仅科学家们发现了，我们普通人也发现了：生态环境变差、塑料废品泛滥、人的免疫力下降、一些物种灭绝……我们不想看到这样的世界！这些和我们每个人的生活习惯和日常行为息息相关。我深信，只要我们开始改变，日积月累，一定会开启绿色的生活之旅！

　　献给亲子阅读的大人和孩子。

阿霞·米兹科维奇

你好，我是一个画家，这是我家所在的小区。我住在一幢很老的砖结构的楼房里，有8层高，这里一共住了165户人家。

乌鸦在窗外"呀呀"地叫，枫树枝也在"沙沙"地摇动。

我们家附近没有垃圾桶，有时候会放上铁丝网箱，用来回收塑料瓶。

我记得很清楚，这个院子里有一个小塑料瓶，请帮我找到它，好吗？

奶油甜面包

现在我会把垃圾分类存放，我还准备了一个专门的盒子存放可回收垃圾，它们会再生产成一些新的东西。这真的很神奇！

我住的小区有很多楼房、树木和道路，还有一个烤面包的工厂。

每天清晨出去跑步的时候，林荫路上会飘着 股面包的香味，大人们开始准备上班时，这香甜的气味就会渐渐消失。小鸟一听到汽车发动机响，就吓得躲到房顶上去。

不久前，我们小区的垃圾处理方式改变了：我们把塑料、金属、玻璃和纸制品分类了，这样可以把可利用的材料与其他种类的垃圾分开收集。

可我还是经常看到人们随手乱扔垃圾，让我们把它们放回到垃圾箱吧。

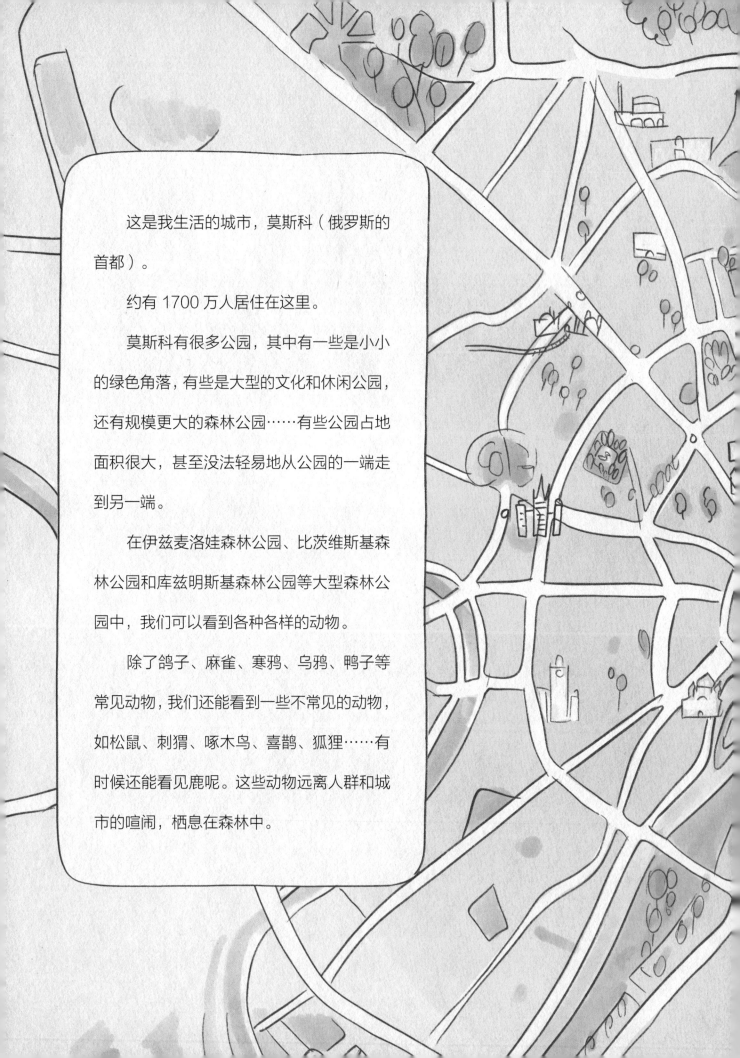

这是我生活的城市，莫斯科（俄罗斯的首都）。

约有 1700 万人居住在这里。

莫斯科有很多公园，其中有一些是小小的绿色角落，有些是大型的文化和休闲公园，还有规模更大的森林公园……有些公园占地面积很大，甚至没法轻易地从公园的一端走到另一端。

在伊兹麦洛娃森林公园、比茨维斯基森林公园和库兹明斯基森林公园等大型森林公园中，我们可以看到各种各样的动物。

除了鸽子、麻雀、寒鸦、乌鸦、鸭子等常见动物，我们还能看到一些不常见的动物，如松鼠、刺猬、啄木鸟、喜鹊、狐狸……有时候还能看见鹿呢。这些动物远离人群和城市的喧闹，栖息在森林中。

莫斯科和其他大城市一样，空气质量差，有人说这是因为工厂太多，但其实80%至90%的空气污染与车辆的尾气排放有关。我们每天要呼吸23 000次，可是城市里的树木却在逐渐减少，这也会导致空气质量变差。

城市里的大街小巷都有汽车排气管在冒烟，虽然我们看不见，但我们时刻都在呼吸着这些废气。另外，空气中还有一些二氧化氮之类的有害气体，如果人们长期吸入这些有害气体，是会生病的。

莫斯科约有800多万辆汽车，汽车轮胎与柏油路摩擦会掉落很多塑料颗粒。这些塑料颗粒被雨水冲走，流入河海，渗入土壤，也是一种污染。

　　每年约有 150 亿棵树会从地球上消失，消失的面积超过 70 000 平方千米，相当于每分钟有 27 个足球场从地球上消失。这些消失的树木大部分生长在热带地区。

　　树木可以净化空气，吸收二氧化碳，还能帮助地球制冷，这也是砍伐一棵树后需要再种植一棵树的原因。

世界陆地总面积约为 14 900 万平方千米，世界森林总面积约为 4000 万平方千米。也就是说，地球约有三分之一的陆地被森林覆盖。

1990 年以来，地球已经失去了 178 万平方千米森林。1990 年到 2000 年的十年中，地球每年损失 7.8 万平方千米森林。

好消息是 2010 年到 2020 年的十年中，地球每年损失 4.7 万平方千米森林，虽然森林仍在消失，但速度变慢了！

这是我们美丽的地球。把它分成两个半球，这样我们就可以看到，它是多么的神奇。地球上有七大洲、五大洋。

水和氧气是我们最宝贵的资源，它们赋予我们生命。世界大洋将全球的海洋、海湾、海峡连接在一起。

世界大洋不仅决定着地球上的气候，还是成千上万种生物的家园，小到单细胞的藻类，大到蓝鲸。

在过去的 100 年中，地球遭受了严重污染。

你们知道吗，1924 年地球上只有 20 亿人口，现在地球上的人口已经超过 76 亿。在不到 100 年的时间里，地球上增加了 50 多亿人！

80% 以上的海洋污染是陆地活动造成的。

人类如果不严肃吸取给海洋造成破坏的教训，那么无论怎样努力，也无法维持自身的生存。

泄漏的石油、工业和城市的废物排放、塑料垃圾、渔网以及其他各种有毒物质，都是海洋污染的来源。

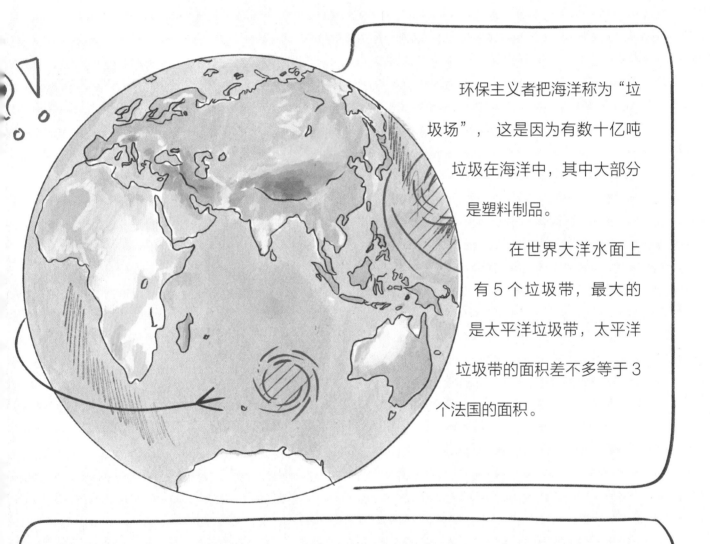

环保主义者把海洋称为"垃圾场"，这是因为有数十亿吨垃圾在海洋中，其中大部分是塑料制品。

在世界大洋水面上有5个垃圾带，最大的是太平洋垃圾带，太平洋垃圾带的面积差不多等于3个法国的面积。

现在我们知道了，如果我们不能正确回收这些废弃的塑料袋、塑料管、塑料瓶、气球、胶鞋、渔网等，它们最终会出现在海洋里。

塑料污染是一个很严重的问题，因为塑料不可生物降解，在水中保存的时间很长（长达1000年）。

大家好，我是环保使者艾卡！

每年人类把将近 1200 万吨的塑料垃圾扔到海洋里，相当于这一年里垃圾车每分钟都要往海里倾倒一车半的垃圾。

海洋中到处都有塑料垃圾：在海面、深水、海底，甚至在地球最深的地方——马里亚纳海沟，都有塑料垃圾的存在。它们经城市的排水沟和下水道，沿河流、海岸进入大海。所以，乱扔垃圾或者将垃圾冲入马桶是一个非常不好的习惯。

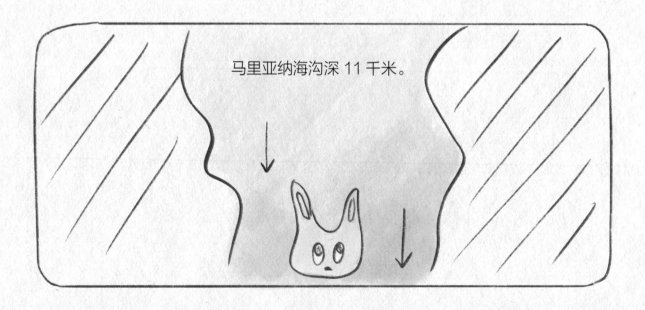

马里亚纳海沟深 11 千米。

超过 40% 的塑料垃圾来自一次性塑料制品。

高分子聚合物是在 19 世纪下半叶发现的，塑料的工业生产是从 20 世纪 50 年代开始的，按照这个时间计算，到目前我们需要处理约 83 亿吨塑料，或许更多！这 83 亿吨中超过 63 亿吨以垃圾的形式存在。

现在还没有科学断定，这些塑料完全分解需要多长时间。有人认为需要 450 年，还有人认为永远不会分解。

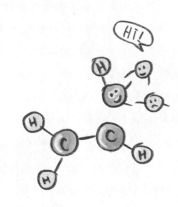

我们知道如何收集塑料垃圾，也知道如何对其进行再利用。人类面临的挑战是要清楚这个现状，并在海洋变成塑料海洋、冰川融化、成千上万种动物消失之前开始解决它。

让我们一起把地球从塑料垃圾中解救出来吧！你们准备好了吗？

来，我介绍一下，这是阿霞，她一般在乡下祖母的家里过暑假。

阿霞总爱问为什么是这样而不是那样，阿霞的祖母总是耐着性子告诉她。

19

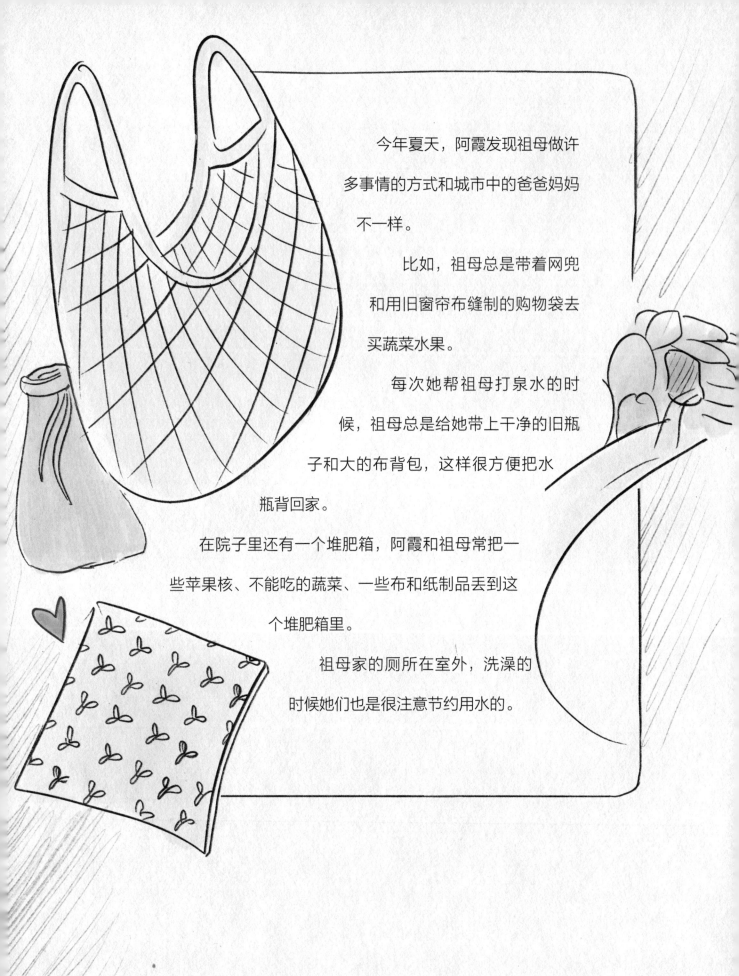

今年夏天，阿霞发现祖母做许多事情的方式和城市中的爸爸妈妈不一样。

比如，祖母总是带着网兜和用旧窗帘布缝制的购物袋去买蔬菜水果。

每次她帮祖母打泉水的时候，祖母总是给她带上干净的旧瓶子和大的布背包，这样很方便把水瓶背回家。

在院子里还有一个堆肥箱，阿霞和祖母常把一些苹果核、不能吃的蔬菜、一些布和纸制品丢到这个堆肥箱里。

祖母家的厕所在室外，洗澡的时候她们也是很注意节约用水的。

堆肥箱——通过微生物，能把可降解的有机废物变成天然有机肥料，产生的肥料可以让土壤更肥沃。

祖母，为什么你不像城里人一样把垃圾丢到塑料袋里呢？

因为金属瓶罐和玻璃瓶可以重复使用或回收再加工使用，食物残渣可以变成有机肥料，让花园的土壤更肥沃，这样我们就能吃上美味的蔬菜和水果。

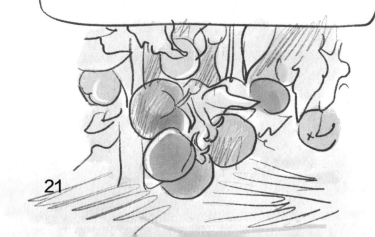

21

秋天到了，阿霞帮祖母把园子里的黄瓜、西红柿、苹果，还有一些浆果都采摘下来。祖母会把一些蔬菜腌制成咸菜，留到冬天吃。还会把浆果做成世界上最好吃的果酱，把西葫芦做成好吃的西葫芦菜泥。

你知道吗？有三分之一的蔬菜和水果被扔掉了。

通常是因为这些蔬菜和水果的长相不符合商店出售的标准，它们就被认为是"丑陋的产品"。但是，它们一样味道鲜美、营养丰富，只是因为它们颜色不对、形状不好、规格不一致等问题就不能登上货架。

如果你看到这样的蔬菜，不要害怕，它们可能比其他形状的更美味。人们怎么忍心扔掉这些小可爱呢？

我们为什么要为冬天做这样的储备呢?

因为我们要尽可能不浪费水果和蔬菜。我们可能来不及吃完所有新鲜的蔬菜和水果,把它们腌制成咸菜还可以继续吃。食物浪费同样是一个很严重的全球性问题,要知道地球上三分之一的食物都被扔掉了,多可惜……

买这样的蔬菜,会有许多惊喜。比如,买一个这样的胡萝卜相当于买了三个胡萝卜。

23

　　暑假快要结束的时候，阿霞的爸爸妈妈来到祖母这里接她回城，明年阿霞就要上小学了。

　　她不想离开这里，因为她最喜欢乡下的秋天。这里有很多树，秋天的树叶非常美。旁边还有森林，在森林里采蘑菇也是阿霞喜欢做的事。

我不想走，回到城里没意思，这里的秋天很好看。

但是爸爸和妈妈想你啊，还有你的朋友们也都想和你玩。

我的好祖母，你为什么不收拾院子里的树叶呢？

24

大自然会把腐烂的植物变成肥料来滋养土壤。落下来的树叶对树根有保暖作用，就像一床保温被，同时还能滋养树根。对于一些昆虫来说，落叶是它们冬天的房屋，这些昆虫则是小鸟们的食物。如果收拾走这些落叶，树根会失去保护层，土壤得不到养分，昆虫会失去它们的房屋，小鸟也没有食物可吃了。

汽车每行驶 100 千米，轮胎与地面摩擦后会掉落 20 克左右的塑料颗粒，约 2/3 的塑料颗粒会被雨水冲洗掉。

还有，每次洗衣服时，水洗脱落的微纤维中有 25% 会随着污水进入下水道。

燃烧化石燃料（煤、石油、天然气等）会产生二氧化碳和一些有害废气，这些气体排放到大气中会增强温室效应，导致地球气温上升。

气温上升会导致海平面上升，引发像飓风之类的极端天气。如果地球上的居民都能减少汽车的使用，同时节约能源，合理有效地使用所有资源（包括食物），减少浪费，就可以减少全球气候变化造成的不良后果。

我们通常把尺寸小于 5 毫米（比一粒大米还小）的塑料颗粒称为微塑料。微塑料不会自然降解，也无法回收再加工。太平洋垃圾带里有很多这样的微塑料！

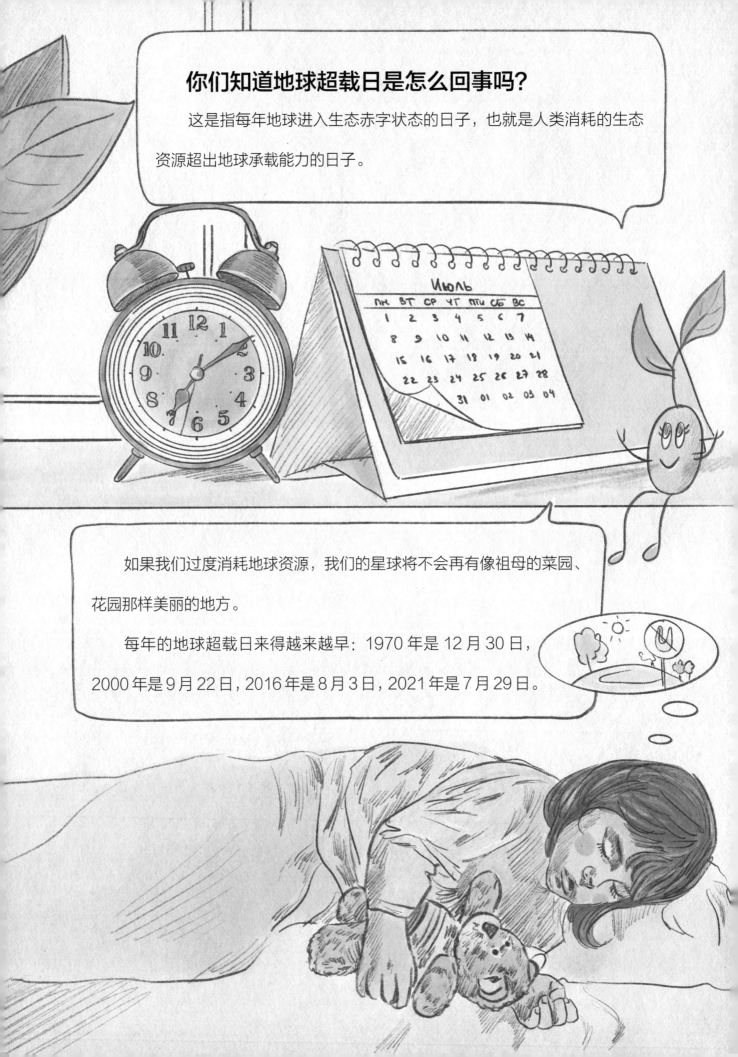

你们知道地球超载日是怎么回事吗？

这是指每年地球进入生态赤字状态的日子，也就是人类消耗的生态资源超出地球承载能力的日子。

如果我们过度消耗地球资源，我们的星球将不会再有像祖母的菜园、花园那样美丽的地方。

每年的地球超载日来得越来越早：1970 年是 12 月 30 日，2000 年是 9 月 22 日，2016 年是 8 月 3 日，2021 年是 7 月 29 日。

让我们来看看，地球上的一天会发生什么

 约 2 万公顷森林消失

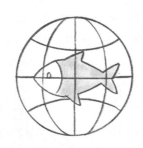 捕捞约 25.5 万吨鱼和海产品

 产生约 480 万吨垃圾

 5 到 150 种野生动植物灭绝

 消耗约 1250 万吨食物，其中 370 万吨被浪费

 约 8850 万吨二氧化碳排放到大气中

人类无法将已消耗的资源归还给地球，但我们可以选择停止浪费，这个目标是可以实现的。哪怕是微小的改变，也是胜利。

做多少都没关系，重要的是我们已经开始做了！

35

我有一个秘密想对你们说！

我是塑料做的，我会存活 400 年。

尼龙 6

商店里的一支牙刷对新到的产品说：在很远的地方，有成千上万的我们的同类聚集在一起，没人需要它们，它们被遗忘了……

我的身体——牙刷柄通常是由耐用的塑料制成的，刷毛是尼龙材料的……有时候会给牙刷柄贴上橡胶，大概是因为它们，几乎没有人想要回收我们。

我们想成为有用的物品，但在 90 天使用期之后，我就变成了垃圾。哎，如果我是竹子做的就好了。

朋友们开玩笑地称我是"长生不老"，但我不满意我永远是支牙刷，也不喜欢我的寿命比我主人的寿命还长。

电动牙刷这个老妇人说她梦见自己漂浮在海洋上，有一只大鸟想吃掉她，最后有个大嘴巴吞下了她……好像是一条大鱼。

多可怕的梦，我们可不是食物。我们是来帮助人类的，我头顶上的刷毛可以帮助人类清洁牙齿。

每年有近 40 亿支牙刷被扔到垃圾桶里，它们最后可能会进入河流和海洋。

如果你有塑料牙刷，可以想一下如何回收。最好选择竹子柄的牙刷，或者使用电动牙刷，这样只需要替换牙刷头就可以了。

我们正在进入水危机的时代。

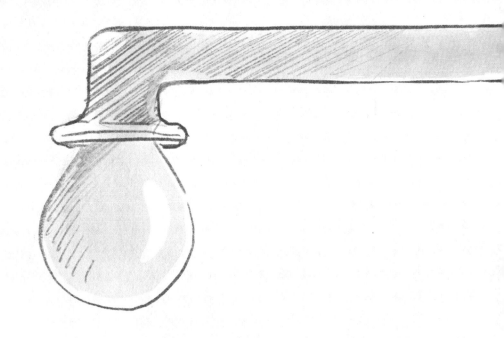

水的用量每年都在增长，但被污染的水却没有得到净化。

欧洲居民每人每天要消耗约 150 升水。

我们可以节约用水的地方：

* 刷牙时关闭水龙头，教会家人也这样做；使用杯子盛水，其实刷牙只需要一小杯水。

* 最好用淋浴的方式洗澡，使用沐浴液或肥皂时记得关水。

* 手洗衣服时不要一直开着水，洗衣机洗衣服时尽量一次多洗一些。

* 先用洗涤剂清洗碗碟，然后再打开水龙头冲洗。

* 用容器清洗蔬菜和水果，有时我们会在冲洗蔬果的过程中用掉几十升的水，但清洗

蔬果并不需要那么多水。

* 用过但不含洗涤剂的水还可以用来做别的事情，比如淘米水可以用来浇花。

* 如果家里人口多，可以使用洗碗机，并尽量满载使用。

* 用小冲水按钮冲马桶。

　　微塑料在海底随处可见。北冰洋的浮冰中也有微塑料的存在，当这些浮冰融化时，会向水中释放超过一万亿块微塑料。在夏威夷的一些海滩上，约 15% 的沙子里含有微塑料。

　　对来自五大洲的自来水样本进行调查研究后，在 80% 的样品水中发现了微塑料。

微塑料分为**原生微塑料和次生微塑料**两大类：

　　原生微塑料指的是各种人造工业塑料产品中的微粒，会随着生活污水排放等途径进入周围环境。汽车行驶过程中掉落的塑料颗粒是原生微塑料的一大来源。此外，为了获得更好的使用效果，较小的塑料颗粒还会被添加到化妆品、牙膏、沐浴液等产品中。在使用这些产品时，塑料颗粒会随着废水流入下水道，最后进入海洋。

次生微塑料来源于大型塑料垃圾。塑料袋、一次性餐具、塑料瓶和其他塑料废物被扔掉后，会逐渐分解成越来越小的碎片，但仍然是塑料，这些小塑料碎片被称为次生微塑料。

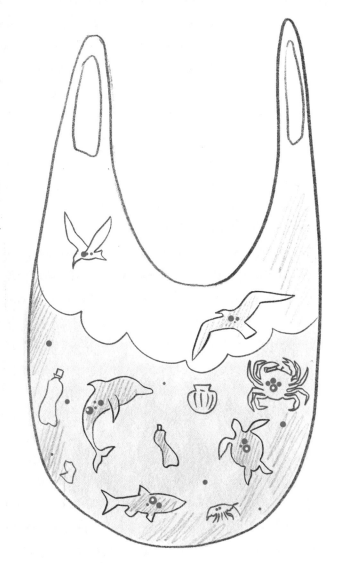

为什么微塑料这么可怕？

塑料颗粒被水冲进下水道之后并不会沉淀在处理设备里，而是进入河流、水库和海洋中，还会像海绵一样吸收沿途中的有害物质。

微塑料可能会危害动物和人类。它一旦被动物（从浮游动物到鱼类和鸟类）食用，就会在生物体内留存。因此，你桌上的鱼可能含有带着各种有害物质的微塑料。

嗨，我们有话要说！

我们是清理耳垢的棉签，但是我们几乎没有存在的必要。

我们本来在手术室里协助医生拯救人类和动物，但是人类却把我们变成清理耳朵的东西，甚至宣传说人类每天都应该清理耳垢……有时候人类还用我们修正妆容和指甲。

每年大约有 1200 万吨塑料被丢到大海里，如果人们继续用塑料制造一切物品，那么到 2050 年，大海中塑料的重量将超过鱼类的重量！

100% 棉

塑料

不可回收

其实我们的真名叫塑料棉签，起初我们是用来擦拭伤口的。

这种塑料棒在专用机器上以每分钟 500 根的速度生产出来，然后再将棉絮缠绕上去制成棉签。

最后我们成为一种污染海洋的产品，并且是在全世界海滩上收集到的六种最常见的废品之一。

我们还经常被冲进马桶，经下水道进入到河流。

在海洋和沙滩上发现的五颜六色的小棍子不是棒棒糖公司的木棍，它们是塑料棉签。它们通常很轻，需要收集大量此类塑料棍才可能被回收利用……

一些公司开始用更环保的纸或竹子代替塑料棒。同时，人类并不需要经常清理耳垢，必要时购买可重复使用的挖耳勺吧。

全世界每年要消耗约2500亿个一次性纸杯。

生产一个纸杯需要耗费 1 升水！

每生产一个纸杯，就会向大气中排放 100 克二氧化碳，相当于一台中型汽车行驶 1 千米排放的二氧化碳。

* 聚乙烯

** 聚苯乙烯

嗨，你好！我告诉你一个秘密！

我是一个纸杯，但我却不全是纸做的。

我身体的内部还涂了一层聚乙烯薄膜，它将永远伴随着我……

我是一个聚苯乙烯做的杯盖，我很想被回收！但是没人听我说……

人们为了装液体发明了我。为了防水，在我身体的内部加了一层塑料薄膜，因为这个，我不能像纸一样被回收。

哎……下辈子能做个笔记本也好啊，或者变成取暖材料温暖人们的房子。但这是不可能的，因为我有一层塑料薄膜，回收我不会给工厂带来利润……

我曾是一棵高大美丽的树，在森林里看日落……可如今我只能永远躺在大地上了，因为我是不会被回收的。

我不能用回收纸浆制作，我只能使用原生纸浆。

一个小小的行为就能改变整个世界。那就是我们尽量随身携带可重复使用的水杯，这样做不仅可以减轻环境负担，还可以节省自然资源。

我是一只塑料瓶，可是没人喜欢我。

最高可耐 70℃

我是聚乙烯制成的塑料瓶盖，我是有分级符号的：HDPE（2）、PP（5）。我必须与瓶子分开回收。

我很特别、很轻、不容易打碎，我是透明的、很方便。

我会分解成微塑料。

塑料瓶是在 1947 年发明的，20 世纪 60 年代开始广泛使用聚乙烯材料生产塑料瓶，1970 年以后开始用聚酯生产，这种材质的寿命长达 450 年。

每分钟就会卖出一百万（1 000 000）个塑料瓶产品。也就是说，每秒钟约有 20 000 人买像我这样的塑料瓶产品。

地球污染的问题不在于使用塑料，而在于使用得太多了。

人类为什么会消费那么多塑料瓶？只要准备一个可重复使用的瓶子就可以了呀！

2016 年售出的塑料瓶被回收加工的还不到一半，请大家把塑料瓶单独分类回收，因为 PET 这种树脂可以回收加工成新的材料。

我想，人们应该知道这些！

我是一支小小的塑料吸管，但我的危害却很大。

我们没有回收代码，我们很轻巧且很容易变脏，因此没有人回收我们，最终我们被扔进了垃圾堆。

我们和塑料包装、瓶子、瓶盖、塑料袋一起成为海洋十大污染源的一部分。

人类在海鸟的食道中发现过塑料，也曾在海龟的食道中发现塑料，这些塑料通常来自人类丢弃的垃圾，这样下去人类会毁掉自己生存的星球……

1888 年，马文·斯通发明了纸吸管。

我是约瑟夫·弗里德曼在1937 年发明的一种可以弯曲的塑料吸管。

在美国，人们一天使用的塑料吸管的总长度可以绕地球赤道三圈。

在英国，每年丢弃的塑料吸管就有 8 500 000 000 支！

每年塑料碎片会杀死 100 万只海鸟和 10 万只其他海洋动物，因为动物们会把这些漂亮的塑料制品当成食物吃掉。

虽然塑料吸管结实并且灵活，但人不需要通过吸管喝东西。

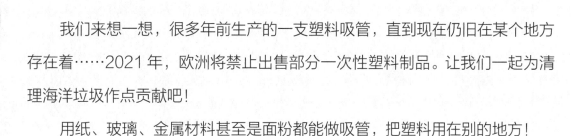

我们来想一想，很多年前生产的一支塑料吸管，直到现在仍旧在某个地方存在着……2021 年，欧洲将禁止出售部分一次性塑料制品。让我们一起为清理海洋垃圾作点贡献吧！

用纸、玻璃、金属材料甚至是面粉都能做吸管，把塑料用在别的地方！

每年约有三分之一的食物被扔进垃圾场，一部分人享受着大量超出需求的食物，另一部分人却在忍受着饥饿。

人们已经开始尝试改变这种不公正的现象了，我们每一个人都要珍惜食物，购买自己需要的，不浪费食物。

你还想知道一个秘密吗？

我是一只塑料袋，但我不是免费的！

我在 1957 年被发明出来。

因为你一直握着我的手，所以我把你当作朋友。

生产我的原料是从石油中提取出来的。

我听说有可降解的塑料袋，其中的 d₂w 添加剂在有光和空气的条件下就可以发生降解作用。但是在垃圾掩埋场，它们可能会被埋在垃圾、沙子和泥土堆里……所以这种塑料袋依然无法降解。

没人确切知道我能存活多长时间，有人说我可以在这个星球上生存 700 年。

此外，塑料袋分解成的微塑料会让土壤变差，还会污染水源，甚至会让动物中毒。

很奇怪，并非所有人都知道塑料袋可以回收。得到回收的话我们就不会污染这个美丽的星球了，鱼和鸟也就不会误食我们。

02
HDPE

人们为什么需要如此耐用的材料，只是为了包装一次食品，然后丢掉？我不理解……

或许有一天我还能成为其他的什么物品——当然这要看我的成分是否符合要求。

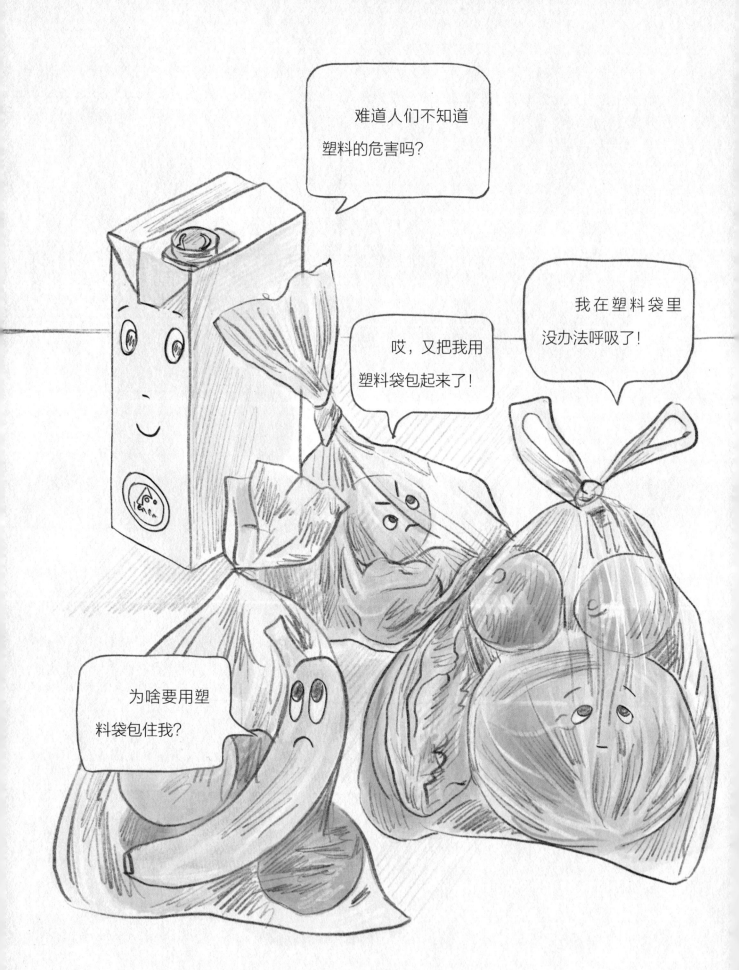

阿霞，你好！

如何区分 PVC 保鲜膜和 PE 保鲜膜？

如果把一块 PVC 保鲜膜压紧，那么它会粘在一起，如果挤压一块 PE 保鲜膜，它不会粘成一团。保鲜膜也是偶然发明出来的。1933 年，拉尔夫·威利在清洁时发现了一个瓶子，他无法擦掉这个瓶子上的奇怪薄膜，这个薄膜就是聚偏二氯乙烯（PVDC）。这种材料后来以"Saran Wrap"的名称出售，并在第二次世界大战期间用作战斗机的防护涂层。

嗨，你好！你认识我吗？

我是食品保鲜膜，不要扔掉我。

PVC
HDPE
LDPE

许多人认为，锡纸比我更环保，事实并非如此！

生产 1 吨聚乙烯保鲜膜的二氧化碳排放量仅是生产 1 吨锡纸的 12%。

我是用聚乙烯做的，可以回收，有益环保。

谢谢你
（不用谢）

我可以阻挡紫外线，阻挡气味外漏，还能形成保护性屏障。比如，我可以延长蔬菜的保鲜时间。

你们可以想一想，使用完之后该怎样处理我。

我在帮助解决食物变质和全球食物浪费问题。

现在全世界的科学家都在试图找到一个更完美、更环保的材料替代我。

我的妹妹 PVC 保鲜膜可以回收加工成颗粒，次级的 PVC 保鲜膜颜色略深。生产 PVC 保鲜膜时，需要把 20% 的次级聚氯乙烯添加到初级聚氯乙烯中。这样更环保、更便宜。

有一些人开始用可重复使用的储存容器（玻璃瓶、饭盒、硅胶袋等）或保鲜布（大豆或蜂蜡制成）代替我。

你看，保鲜膜也想帮助人类解决食物浪费问题。

我爸爸是一名兽医，今天我可以在他这里观察一下，他是怎样帮助小动物健康成长的。

你好！人们会想起我们吗……

我们是塑料鞋套，我们想做有益的事情。

鞋套——从前农民用动物皮、藤条或白桦皮做的短靴，用来防水和脏东西。

在手术室里套上我们会降低细菌感染的概率。

现代鞋套是穿在鞋子上的保护套，在医院最常用。我们用聚乙烯（高密度聚乙烯或低密度聚乙烯）或聚氯乙烯制造。

但在日常生活中，并没有证据表明鞋套可以预防细菌感染。

我们可以回收再利用，但必须先去掉松紧带。

我们想多作哪怕5分钟的贡献，所以请去掉松紧带，对我们进行回收。

一般塑料鞋套的厚度为8到20微米。

还有一种用雨衣布做的鞋套，更容易清洗，且不容易破裂。

其实，鞋套说到底只是为了减少清洁工作。

150 年前，人类发现了一类轻便、结实且廉价的材料——聚合物材料。如今，这种神奇的材料不仅可以帮助患者心脏跳动，还可以帮助飞机飞行。你知道吗，由于科技的发展，塑料还可以减少手术过程中的并发症呢。

一种特殊的设备——3D 打印机，可以挽救人的生命。

2018 年，小德克斯特·克拉克进行了复杂的肾脏移植手术。3D 打印机制作的模型还原了小患者的腹部空间和他父亲的肾脏，帮助医生预测并减少了实际手术中可能出现的并发症。

塑料引起医疗变革的同时，还能使太空飞行变得更加容易。塑料材料降低了汽车和飞机的重量，从而节省了燃料，同时更加便于运输。塑料还可以延长产品的保质期。

塑料被用来制造成医疗用品、摩托车头盔、装清洁饮用水的塑料瓶……每天，塑料都在拯救人类的生命。

塑料还拯救了很多野生动物。在 19 世纪中叶，钢琴键、台球、梳子及各种小物件都是用象牙做的，这导致大象濒临灭绝，象牙成为一种奢侈品。其中一家台球公司发布声明，谁能找到象牙的替代材料，就支付给谁 10 000 美元作为酬劳。

1868 年，发明爱好者约翰·韦斯利·海厄特制造了一种新材料，称为赛璐珞。这种材料是由纤维素聚合成的，赛璐珞的出现挽救了许多大象的生命。

塑料工业在 20 世纪下半叶得到了发展，当时许多东西都开始使用塑料制造。这种材料从石油中获取，在石油炼制过程中，会形成乙烯这样的副产物。

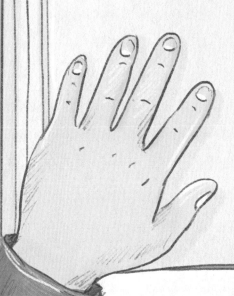

乙烯可以代替天然聚合物来生成各种新的聚合物（例如PE），这为人类提供了新的可能性：用廉价的塑料材料可以生产一切。

60年后的今天，每年生产的3.48亿吨塑料中有很大一部分用于制造一次性产品，其中大部分是包装袋，在使用几分钟后就被扔掉了。

嗨，你好！你知道我的秘密吗？

我是一个小茶包，但我也不是那么简单。

钢钉

我并不是人类想象的那样是用纸做的，我通常是用聚丙烯纤维制成的，这样我就可以保持自己的体形，在热水中也不会膨胀。

为了不影响茶的味道，通常我要被金属U形钉封住。

100%
茶末

每年光英国人就要喝掉1.65亿杯茶，这一年中制造我的聚丙烯累计达到150吨！我不明白，人们喝散装茶不是更经济、更美味、更环保吗！

茶叶袋是不能回收的

商人托马斯·沙利文在1904年开始使用丝绸袋装茶叶，接着纽约的餐馆老板都开始用丝绸袋泡茶。这个方法成熟之后，1929年阿道夫·兰博尔德发明了纱布茶叶袋。

我的好朋友"丝绸"三角茶叶袋，其实是用食品级的尼龙和聚酯纤维做的。

装在茶叶袋里的茶叶碎末通常是旧茶叶或者是廉价茶叶，有些还会添加一些香料。

做这种茶包的茶叶可能也不会清洗，或许会有农药残留。

很多茶商呼吁饮用散装茶，用茶壶或滤网泡茶。同时人们也在积极寻找环保茶叶袋（例如玉米淀粉的），但那样的话一个茶叶袋的成本就会增加几倍！

　　我们都知道不可以在野餐后乱扔垃圾，会对自然造成污染。但那些乱扔进垃圾桶里的东西同样会对自然造成污染，这种行为和野餐后乱丢垃圾对地球造成的污染是一样的。如果我们不在家把垃圾分类回收，那么垃圾也相当于被扔进大自然，然后这片大自然就会变成垃圾场。

　　垃圾分类——这是一个把垃圾分为几种类型以便进一步回收处理的简单系统。

　　回收再利用——这相当于给你买的每一件产品第二次生命。居家的垃圾分类并不需要 10 个垃圾桶，2 个就够了。一个可以放所有可以回收的物品，另一个放无法回收的物品，可能还需要一个小箱子来存放危险废品（电池、温度计、灯泡等）。

你还可以简化垃圾分类，将垃圾分成干的和湿的。这样一来，纸和纸箱就不会被湿垃圾浸泡，可以回收做成新的笔记本、日记本、书籍及卫生纸等。

垃圾和可利用的废料之间有很大的区别！

第一种是无用的，不能分拣，是只能丢弃的脏垃圾。第二种是有用的，能使地球上浪费掉的资源获得第二次生命。

为什么要做垃圾分类呢？

垃圾需要很大的垃圾填埋场来掩埋存放，同时散发着臭味。垃圾分解的时间很长，还会产生毒素，破坏我们赖以生存的自然资源：空气、水、食物。

为什么焚烧垃圾不是一个好方法？

因为焚烧垃圾对人体健康有害。如果垃圾没有分类，那么香蕉皮、塑料和电池等会一起焚烧，燃烧的灰烬会毒害我们的星球。

焚烧垃圾时，会产生有毒物质——重金属、毒性很强的二噁英，这些毒素会积存在水里、土壤中和生物体内，会导致严重的疾病。

垃圾箱中有 80% 的垃圾都是可回收的，所以处理废物最好的方法是分类和回收再利用。

1个人1年约产生500千克废物，差不多是1头母牛的体重。

1个人在70年的生活中约产生35吨废物，相当于一头灰鲸的重量。

大约95%的日常废物被送往垃圾填埋场，它们将在那里分解数百年，并释放出有毒物质。

回收两个玻璃瓶代替生产两个新的玻璃瓶，节省的电能可以煮沸五杯茶。

1000千克（1吨）废纸回收再利用可以挽救10棵树，这10棵树释放的氧气可供30人呼吸。

回收 1 千克废纸可以节省 20 升水，
回收 1 吨废纸节省的水可以淋浴 133 次。

中国也有垃圾处理厂，
只是它们没有得到充分的利用。
从垃圾分类开始，帮助垃圾实现回收再利用吧！

垃圾处理工厂是乐于接受和回收加工这些可利用垃圾的，这是一件正确且有益的事情，同时还会带来经济收入。

我们每个人都会在地球上留下自己的生态足迹，生态足迹指的是为我们提供资源并吸收我们产生的废物所需的土地和水源面积，人类的生态足迹还要加上消费的商品和服务的生态足迹。

产品生产过程中产生的废气会污染空气，当污水进入土壤和水库时会污染水源。

将石油变成塑料是一个高耗能、耗水的过程。在合成的过程中要往石油里添加其他化学物质，这就意味着石油的生态足迹又增加了，同时石油运输的过程也是一条额外的生态足迹路线。产品的使用寿命越长，耗材越少，对地球生态来说就越好。

最好的垃圾处理办法是回收利用。

三种回收方法

循环回收：也就是循环再造，即在不损失性能和质量的情况下循环再造。

降级回收：回收材料由于性能产生变化，而被降级。例如，塑料袋和塑料薄膜可以被制成颗粒，重新变成生产原料。遗憾的是，这种原料再生产时，难以达到回收前的质量。

升级回收：回收后的材料价值增加。例如，旧的自行车轮胎可以做成皮带。换句话说，这是废物的创造性转化，转化为艺术品、流行的东西、家居用品等。

　　回收利用垃圾时，因为没有原材料的初级加工、精加工及原材料的运输这些流程，生态足迹相对减少了。

　　通过回收利用，不仅可以减少垃圾场的数量，还能减少堆放垃圾产生的费用，对于企业来说也节省了成本，但目前还做不到……

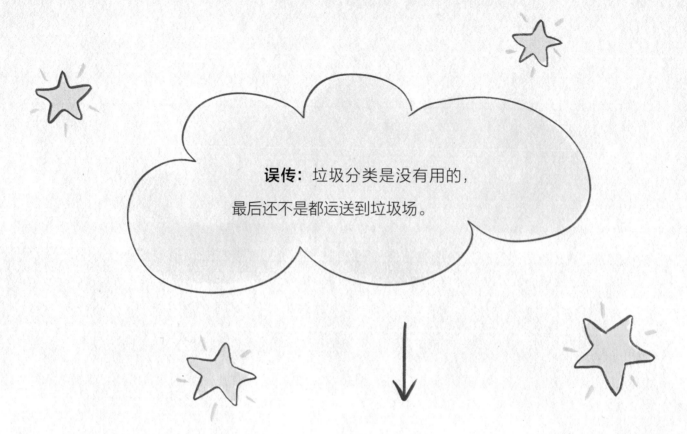

误传： 垃圾分类是没有用的，最后还不是都运送到垃圾场。

事实： 对于垃圾管理公司来说，把可利用的废品送到垃圾场或拉去焚烧，是无利可图的。这样会赔钱，而赔钱是成年人不喜欢的事情。

区分是否真正运走可利用废品的办法很简单：可利用的废品一般由专门的车辆拉走，这种车辆从所有垃圾箱（堆积着混合垃圾、发臭的垃圾箱除外）中取走可利用的废品，然后再把可利用废品进行再分类。

任何可利用废品都需要再分类。例如，要将一种塑料与另一种塑料分开，要把人们错放的东西挑出来，塑料、玻璃、废纸、金属将在专门的分类站进行分类。

什么是回收编码？

每个包装上都有一个特殊的符号 —— 三角形中的数字，这就是回收编码。这个编码用于标记制造材料，回收编码简化了再生原料的分类，方便将可回收物直接送到回收厂。看看在你们家里能否找到有回收编码的物品吧！

我们经常丢掉的废物有三种：可回收材料、食品废物和其他有机物、不可回收的生活废物，有时会有一些危险品。其中有些可以回收处理，有些是不可以的。

可堆肥的材料： 食物垃圾、天然纤维、木材……这些都可以做堆肥的材料。

可回收的材料： 无害的，具有回收编码，比如各种塑料（1、2、4、5、6）、纸（20、21、22）、铝（41）、钢（40）、玻璃（70-79）。

有害的日常废物： 电池、一次性打火机、家用电器、电子产品、煤气灶、家用气雾剂瓶和油漆瓶；油漆、溶剂、胶水的残留物；未使用或过期的药品、过期或倒空的灭火器、水银温度计、卤素灯、荧光灯；剩余或过期的家用化学品、园林管理用化学品、打印机墨盒、未使用或未燃的烟花、汽车轮胎和蓄电池。

25 只塑料瓶

670 个易拉罐

7 个 1 升水瓶

3 个牛奶纸盒

1 公斤报纸

回收的魔力……连线看一看用回收材料制成的东西。

10 卷卫生纸

1 件足球衫

2 支圆珠笔

1 件摇粒绒外套

1 辆自行车

79

什么是"零废弃"？

零废弃？这怎么可能？

　　所有的生物都有浪费，人类也不例外。因此，值得解释一下我们是如何开展环保行动的。"零废弃"运动呼吁的是要尽可能减少废物的产生。那些走上"零废弃"运动之路的人，在做的事情是尽量减少使用的包装数量，减少使用无法回收的商品。因此，他们在生活中几乎不产生垃圾，只有可回收的材料。

"零废弃"遵循的 5 个原则：

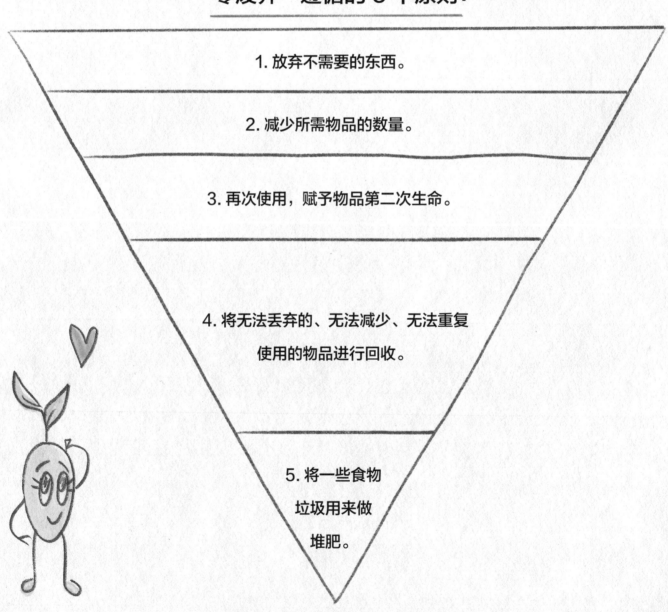

1. 放弃不需要的东西。

2. 减少所需物品的数量。

3. 再次使用，赋予物品第二次生命。

4. 将无法丢弃的、无法减少、无法重复使用的物品进行回收。

5. 将一些食物垃圾用来做堆肥。

这座金字塔是由贝亚·约翰逊在她的《零废品之家》中绘制的，她还推动了"零废弃"运动的规模化和国际化。

2008 年，贝亚·约翰逊搬到了一栋面积比她之前的家小了一半的房子里，她把所有不用的东西都处理了，然后和她的家人开始遵循极简主义和"零废弃"原则生活。最后，一个四口之家一年只收集了一罐无法再回收利用的废品。

这是美国著名的环保人士劳伦·辛格。劳伦生活在纽约，大学时她就热衷于环保。大学时期她曾领导一个生态俱乐部参加反对石油公司的活动，后来她发现家中几乎所有的产品都使用塑料包装，她就决定不再使用塑料产品。

不使用塑料使她变得更加快乐！后来，劳伦最喜欢的事情成了她的工作——她开了一家环保物品商店。

如何进行垃圾分类?

从自己家或办公室开始做起，将一种或几种类型的废物进行分类，这样既简单又有趣。很多人一般从分类纸制品开始，接着是塑料、玻璃、铝制品等。

1. 查找一下自己所在城市的可回收材料的收集点 。

2. 首先确定收集点接收哪种类型的材料，也许有些收集点接收多种类型的废品。

3. 在家里可以用几种容器（桶、专用盒子或袋子）分开存放垃圾。

4. 在扔掉垃圾之前先进行清理。比如，有食物残渣的话，需要去除食物残渣。

5. 压缩，尽量减少废物的体积。 这个方法可以帮助你减少去回收点的次数，垃圾运输车也可以尽可能多地运走垃圾。

专业衣物回收点

没有破损的衣服可以捐赠给慈善机构或旧衣回收平台。

谢谢！

食物垃圾

最方便的办法就是将食物垃圾收集起来投放到专门的厨余垃圾箱，有条件的话还可以尝试把食物垃圾放到社区或者家庭堆肥箱中做成肥料。

塑料再生原料标识

 → ## PET/PETE/ 1（底部凸出地方）

PET（聚酯），最常见的是矿泉水瓶和其他饮料瓶。

 → ## HDPE/PE-HD/2（底部接缝）

HDPE（高密度聚乙烯），许多日化品的包装，比如洗发水瓶、化妆品瓶等。

 → ## LDPE/PE-LD/4

LDPE（低密度聚乙烯），常见于保鲜膜、厚塑料袋、乳制品软袋等。

→ ## PP/ 5（内部无金属光泽）

PP（聚丙烯），常见的有水桶、量杯、塑料制饭盒等。

## PVC/V/3	## PS/6 	## Others/7
常见的有水管、雨衣等，难以回收。	泡面盒、发泡快餐盒等类型的包装，很少接受处理。	有些类型的塑料或塑料混合物，几乎不回收。

我们有能力让世界变得更加绿色，并为子孙后代保护这个美丽的星球，因此养成垃圾分类的习惯是非常棒的！

来，让我们了解几个环保机构，看看他们是怎样做的。

UNEA —— 联合国环境大会，这个机构解决当今世界面临的最重要的环境问题。了解问题的存在、维护和恢复我们赖以生存的环境，是 2030 年前的任务核心。

联合国环境大会每两年召开一次会议，确定主要的环保任务，所有国家都可以帮助研究有利于我们星球健康的方案。

联合国环境大会于 2012 年 6 月成立，环境与和平、贫困、健康、安全等问题受到同等重视。

GREENPEACE

绿色和平组织是 1971 年在加拿大成立的独立的国际非政府环保组织。该组织的员工通过发现、记录和公布滥用地球资源的信息来支持和参与绿色和平工作。他们相信，只有将所有人团结在一起才能解决全球环境问题，同时他们向人们展示了解决环境问题的方法，这些方法有利于地球的可持续发展。

延缓气候变化和保护物种多样性是当前绿色和平组织的任务重心。

绿色和平组织有超过 300 万名支持者，目前只接受市民和独立基金的直接捐款。

分类收集是俄罗斯的一个环保志愿者团体，他们致力于推广一种新的废物管理系统。该协会于 2011 年 11 月在圣彼得堡成立，与此同时他们还举办了第一次可回收材料的收集活动。今天，从索契到符拉迪沃斯托克都有他们的协会。这是唯一一家致力于推广废物管理系统的俄罗斯非营利组织，其成员相信，如果每个人都能做到分类收集垃圾，就会有越来越多的人了解参与到废物处理中。

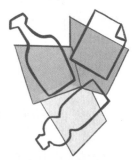

绿色运动
分类垃圾

阿霞和爸爸妈妈去火车站迎接祖母的到来。

你知道吗？

中国很多人都乘坐地铁上下班，这是一种非常环保的交通方式。地铁一次可以运送大量乘客，非常高效，也因此减少了每位乘客的生态足迹。

嗨，你好！我们也有秘密要说……

我们是纸传单，我们非常羞愧……

唉！

我们感觉不好意思是因为我们是无用的东西，通常人们拿到我们之后就会随手扔掉。

我是纸做的，需要回收，但是我和我的朋友们经常躺在路边、草丛、垃圾桶中，距离发传单的人不过几步之遥，所以我看不到我存在的意义！我本来是可以帮助艺术家绘画的！

根据生态组织 Bellona 的统计，1 棵树可以制作 24 000 张传单，在 3 至 4 小时内，促销商会发 800 到 1500 张传单，也就是说，在 24 天之内"发传单"可以发掉整棵树！

造纸厂每生产 1 吨纸要消耗 15 万升水，不要忘了还有油墨和印刷用电。

大约 51% 的人拿到传单就扔掉，约 36% 的人不接传单，约 9% 的人使用优惠券，只有大约 5% 的人将其作为废纸回收。

请向这 5% 的人学习，或者不要接传单。

人们常常分不清哪些纸制品不可以回收，哪些可以，认为它们都是废纸，现在我们来整理一下。

不可回收／难回收的有:

*一次性纸餐具 　　*收款单
*纸巾 　　　　　　*烘焙纸
*卫生纸 　　　　　*铝箔纸
*纸杯

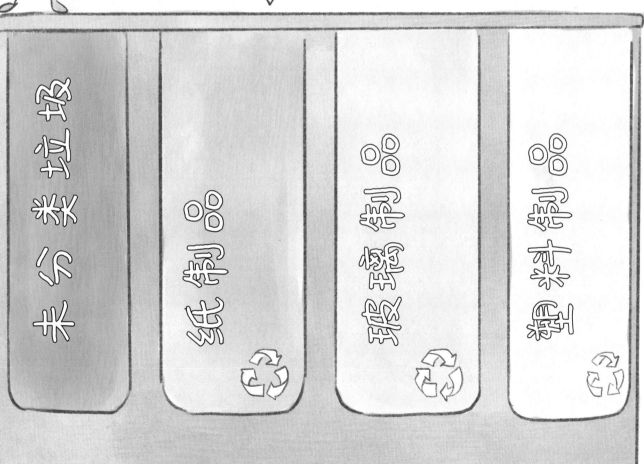

阿霞，明年夏天祖母带你去农场看看那里的动物是怎样生活的。到时候你还能和小鸡一起玩，可以捡鸡蛋，还可以挤牛奶。

你知道这些吗？

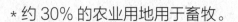

* 约 30% 的农业用地用于畜牧。

* 为了建牧场而砍伐森林。

* 牲畜排出的温室气体占地球所有温室气体排放量的 14.5%。

地球的气候正在急速变化，畜牧破坏了地球并加剧了全球变暖。

因此，有些人考虑放弃食用肉类和奶制品，哪怕只是偶尔一顿饭。

91

宇宙飞船上没有乘客，我们都是机组人员！

马歇尔·麦克卢汉

你好，这是我们的秘密！

我是一支香烟过滤嘴，但我除了破坏地球，什么也做不了。

我是由醋酸纤维——一种塑料制成的，在自然界中分解的时间长达 10 年。

全世界每年生产 6 万亿支香烟！90% 以上有含塑料的过滤嘴，总重量达 100 万吨。

世界卫生组织和海洋保护组织鉴定之后发现，海洋中有很多烟头。我和我的残留部分进入水中之后，就开始释放对生物体有害的物质。

甚至在海鸟、海龟和其他生物的胃中也发现了烟头。

香烟过滤嘴是在 20 世纪 50 年代发明的，用于过滤毒素并降低患癌症的风险，但是后来科学家发现焦油和尼古丁会令人成瘾，因此滤嘴的作用微乎其微。

其实过滤嘴只是一个营销花招，给人一种健康香烟的错觉。

2/3 的烟头被人们不负责任地扔掉了，最终经雨水进入海洋。

请你记住，我们是有害的不可回收物，同时乱丢烟头可能会引起火灾。因此，不要乱扔烟头。目前一些公司正在寻找可生物降解的替代品，还考虑将街道清洁费平均到每包香烟的价格中。

吸烟有害健康！

嗨，你好！我想我们已经见过面了……

虽然我是一个纸袋，但为了制造我，森林被砍伐了！地球也因此变热了！

牛皮纸是 1852 年在美国被发明制造出来的。

如果动物不小心吃了我的话，还是安全的。不过使用木浆生产我的时候需要添加一些化学物质，这也是在破坏这个星球的生态。

我是可生物降解的、是用再生资源制成的，但也并不是那么简单……

在生产纸袋的过程中会向大气层排放气体，其中 70% 以上是有害物质，生产纸袋排放的水中含有污染物，碳排放是生产塑料袋的 3 到 4 倍。

制造 1000 个纸袋产生的有害气体约等于燃烧 8 升汽油产生的有害气体。

纸袋也需要回收，回收成本比塑料袋高 91%。

1999 年，砍伐了 1400 万棵树木，生产了 100 亿个纸袋。

为了将我的生态足迹减少到塑料袋的水平，我必须重复使用至少 3 到 4 次，棉布袋至少要重复使用 131 次。

生产制造是最容易污染我们的星球的环节，仅有 15% 的纸袋被回收。

制造像我这样的袋子，会耗费很多资源、水和能源，所以我建议用可重复使用或易回收的袋子。

哎，我们在这呢，在你头顶上！

我们是灯泡，我们非常危险！！！

我含有 5 毫克到 1 克不等的水银。

请找到回收我们的方法吧。

我是一个节能荧光灯灯泡。我的用电量比白炽灯泡少，但对环境构成了巨大威胁，因为荧光灯中含有水银 *。

我是白炽灯，像 LED 灯一样，可以回收。请不要把我扔掉，不要把我放在收集玻璃的箱子中（我和玻璃瓶的玻璃不是同一种玻璃），因为我们耗电量大，所以我们要更新换代了。

我是一个 LED 灯泡，我被认为是最环保、危害最小的光源，因为我的零件是用塑料做的。把我扔进垃圾场的话，仍然会对环境造成一些破坏，同时分解的时间也很长。我的灯壳可以熔化用于生产工业、建筑材料，所以记得回收我哟。

我是卤素灯，不含有害金属。我的成分中含有碘，在使用过程中灯泡会变得非常热。我也想努力服务久一些，但是我比 LED 灯还差好多……

* 节能荧光灯必须送到特殊的收集点回收，因为它们属于危险废物。

96

你好！ 你会收集我们吗？

我们是一次性电池，对地球的危害是巨大的…… :(

一些数据显示，电池只占所有废物的 0.25%，但它们约占有毒废物的 40%。

一个人一年要使用 4 到 6 个像我们这样的电池，人们还没有学会如何有效地处理我们。在欧洲，只有一半的电池送去加工或存放。

当我们与垃圾一起焚烧的时候，可怕的二噁英（聚集在与机体内，会导致许多健康问题的毒素）会排放到大气中。

请帮我们降低这种风险和毒害吧！

第一个可充电电池于 1859 年问世！ 锂电池于 1998 年开始大规模生产。

同学们，我们很危险！

一枚电池中的有害物质会污染约 20 平方米的土地，这是 4 棵树的生长环境。不幸的是，扔进垃圾桶里的电池最终会消失在垃圾填埋场中，污染着地球，毒害着生物。

我们的金属外壳也会慢慢遭到破坏，像锰、锌、镉、镍、汞、铅之类的重金属会进入土壤、地下水、河流、湖泊……危害着生物体的健康和生命。

请尽量减少使用干电池供电设备，可以选择用充电电池代替我们。使用完之后要记得将电池单独收集，然后送到危险废物收集点。

天空上飞的就是我！

我是很危险的气球！

我们是由乳胶、橡胶做的。

第一个橡胶气球是迈克尔·法拉第在 1824 年发明的，第一个彩色气球是在 1933 年出现的。

人们把无数像我们这样的气球放飞到空中……然后我们就往上飞，最终还是回到地面变成垃圾。

海豚和海龟经常误以为我们是食物，当它们吃饱了的时候也就被毒死了。

氦气是一种非常稀有的惰性气体，氦气是有特殊用途的，不是用来填充我们的身体的。

你或许认为，乳胶是环保的，但制造气球的乳胶是添加了各种化学物质的乳胶。乳胶的分解周期从 6 个月到 4 年不等，在此期间，破裂的气球已经对地球和动物造成了很大的危害。

制造我们的另一种材料是基于聚酯纤维（聚对苯二甲酸乙二酯）合成的聚酯薄膜（BoPET）。

带有气门的气球的形状能保持更长时间，并且在自然状态下完全不分解。

系住气球的带子可能会成为困住海鸟和海洋动物的陷阱，如果缠绕在电线上，还可能导致短路（尤其是铝箔气球）。

AL

BoPET

我粘到了你的鞋子上，你知道我吗？

我是口香糖，无论丢到哪里我都不分解。

150 年前，牙医威廉·辛普尔申请了口香糖专利。那时，我们是用橡胶、木炭和白垩粉制成的。

你知道吗？口香糖曾拯救过一架飞机。英国空军的机组人员用口香糖堵住了飞机发动机水套中的一个孔，从而避免了事故的发生。

当大家在争论我是否对牙齿有害时，我却在破坏着市容。

1992 年，新加坡政府颁布了禁止进口及销售口香糖的法令，违反法令者处以罚款甚至监狱惩罚。

以前用糖胶树胶这种天然橡胶来生产我们，这种胶从人心果树上提取，现在用橡胶或塑料来生产。

在芬兰发现了有 6000 年历史的桦木焦油"口香糖"。

合成聚合物使我无法降解，聚异丁烯使我富有弹性。由于含有聚合物，我才能被吹胀。为了保护地球和动物，最好咀嚼不含塑料成分的天然口香糖。

人们每年咀嚼的口香糖加起来超过 10 万吨，这使口香糖成为世界上仅次于烟头的第二大垃圾来源。

方便之极，但感觉不是那么好！

我们是湿巾，我们正在改变河床。

我们是用聚酯纤维或聚丙烯做的。

无纺布能很好地吸收并保存液体，但却不能降解。

我含有抑制细菌的化学成分，这也就意味着湿巾在大自然中的分解过程会变得更难。

制作湿巾的材料还可以做一次性帽子。

当我们被冲进河流的时候，我们会和淤泥、树枝混合聚集在一起，形成小山丘。和环保机构"泰晤士21号"的环保主义者发现的一样，河流正在形成新的河床。

我们无法回收，而且大多数情况下我们的包装（复合材料：塑料＋金属）也不适合回收再利用。

在我们的包装上经常写着"可以扔进马桶"，但事实并非如此，我们就是堵塞下水道的固体成分。

2017 年在伦敦发现一个重达 130 吨的不可生物降解的固体，这个固体中有大量湿巾和餐巾纸。

人们想出了无数种湿巾（儿童用、汽车用、宠物用等），最后我们却被遗弃在美丽的湖泊和山区中。目前还不清楚为什么人们不喜欢使用水和肥皂……可能人类就是太懒了？

嗨, 你好！我就生活在你们的厨房里。

我是用来洗碗的海绵, 在我"永恒"的身体内, 有很多东西存活着……

1937 年, 一名德国化学工艺师掌握了聚氨酯的生产方法, 因实验错误获得了一种带有气泡的材料, 于是第一批海绵于 1954 年开始销售。

我是聚氨酯制成的, 每 2 至 3 周就需要换新。我的砂纸部分是合成材料制成的。

细菌、微生物和真菌存活在每个海绵体内, 即使用沸水、微波炉、醋或氯也无法杀死它们。科学家发现, 每立方厘米的海绵中有 5.4×10^{10} 个细菌, 是地球上所有人口的七倍。

我的伙伴有些是纸做的, 木纤维更天然。

然而, 就像扔掉我一样, 你也是将它们扔到垃圾桶中……没有规定要回收我们。所以, 数百年以后我还是海绵, 我要是能成为隔热材料就好了。哎！

氨纶是聚氨酯纤维, 也是塑料。

现在有硅胶刮板、木柄植物纤维刷、丝瓜络以及竹刷, 它们都能成为你忠实的助手, 为什么还要使用海绵呢？

我是可氧化降解的添加剂，但我不起作用。

哈哈！环保包装袋……

我是由英国的环保公司 Symphony Environmental LTD 研发的。

还有一点：分解只在有光和空气的情况下才会发生，但垃圾场没有这个条件，因为垃圾被沙堆覆盖着，无法接触到空气和光。

我以 1% 的比例添加到聚合物（聚乙烯、聚丙烯、聚苯乙烯）中。

我通过破坏氧化聚合物的碳键来分解塑料。我跟氧气是朋友，因为氧气对氧化作用非常重要……

我不能帮助水里、食物和生物体内的塑料分解成小块。

我不能解决生态问题。

一般可生物降解塑料由天然成分（淀粉、果皮、植物纤维等）组成，在有微生物和氧气的条件下会分解，即可以经过堆肥处理。

d2w 可生物降解袋无法和塑料一起回收，因为会破坏工厂里的可回收材料……不要买这种塑料袋！

世界各地的公司都在寻找替代塑料的解决方案。到目前为止，最好的办法还是送去堆肥，即为微生物分解创造条件。关于堆肥我们已经在第 21 页和 83 页上了解了。

我是付款单，不全是纸做的。

1953 年就有了第一张无碳复写纸。

我是涂有双酚 A 的热敏纸，不是普通纸，所以无法回收。

我的成分中有双酚 A 这种有毒物质（来自科技新闻）。

双酚 A 在结构上类似于雌激素，一些研究显示双酚 A 对人体神经、免疫系统和女性生殖系统的功能有负面影响。

将我们与其他废纸一起回收会污染其他回收纸张。

如果用于堆肥会污染水和土壤，进而污染食物。

像我这样的热敏纸通常用于传真。

唉，90% 的付款单里含有双酚 A。因此，减少触摸付款单，接触后要洗手。

我可能正在破坏人们的内分泌系统。

付款单不能被回收。现代收银机中的付款单会打印在专用热敏纸上，这种热敏纸同样含有很多有害物质，例如双酚 A。

你好！我是你们家的常客。

我是利乐包装盒。

利乐公司由鲁本·劳辛于 1951 年创立。

75% 纸板，20% 聚乙烯 5% 铝。

我有很多名字：Pure Pak、Tralin Pak、Elopak、SIG Combibloc、C/PAP（81、82、84）……

所有这些都是我——纸盒包装，有时也用铝和 4 层聚乙烯制作。

我不是废纸，但回收我的工厂很少。

收集像我这样的包装盒（带有腐烂和发酵食物的残渣）是无利可图的……

我的纸板是用原生木浆制成的，也就是说，砍伐加工的木材只使用一次。

记住，最好不要买我这样的东西！

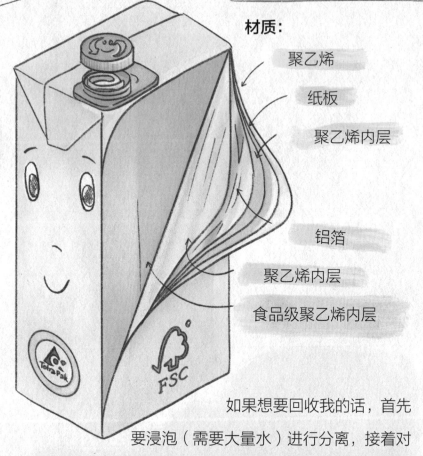

材质：

聚乙烯

纸板

聚乙烯内层

铝箔

聚乙烯内层

食品级聚乙烯内层

如果想要回收我的话，首先要浸泡（需要大量水）进行分离，接着对分离的纤维素进行加工，剩余的聚乙烯送到特定的处理工厂。包装可以带盖回收，不用拆掉！

我是一个不错的包装盒，但最好用塑料、玻璃和金属包装的物品，这些材料回收更容易！

如果你仍在购买利乐包装盒，使用后应该清除食物残渣并冲洗干净，干燥后压扁，再送去回收。

你好！我们喜欢被手触摸的感觉。

我们是友善的瓶盖，与你一起帮助孩子们！

好的生态环境会促进社会和谐发展。

我们是：
· 各种发酵乳制品瓶子的盖子
· 蛋黄酱、番茄酱包装的盖子
· 带有 HDPE(2) 标记的瓶盖
· 5 升瓶子的瓶盖和提手环
· 没有垫片的瓶盖
· 植物油瓶盖

2011 年，一名来自土耳其的学生想到可以用收集到的塑料瓶盖为残疾人购买轮椅。结果，活动收集到了 280 吨塑料。

2016 年 12 月，"慈善瓶盖"活动出现在俄罗斯。收集瓶盖比收集瓶子简单，只需要将瓶盖取下清洗后收集起来就好了，而且回收价格几乎相同。

这样的项目让人们意识到"垃圾"可以是有用的，而且可以赚钱！

你可以在任何方便的容器中收集"慈善瓶盖"：一个盒子、一个罐子、一个 5 升的瓶子……非常简单！可以在居民楼的单元门口或学校设立这样的收集点，然后将收集的瓶盖交给废品回收商，他们会把瓶盖统一送去回收。

你好！你见过我吗？

我是一个用聚苯乙烯制成的容器，人们几乎没办法回收我……

还记得我吗？

我是一个咖啡杯的盖子，是由坚硬易碎的聚苯乙烯制成的。

EPS

我的体积很大，但重量却很轻。

像我，1立方米的体积只有10千克重。但是我们在仓库占的空间是废纸的25倍以上，这样大大增加了库房的租金。

热处理后，聚苯乙烯释放出苯乙烯，这是一种危险的有毒物质。切勿在微波炉中加热我！切记！

法国禁止使用这样的包装。

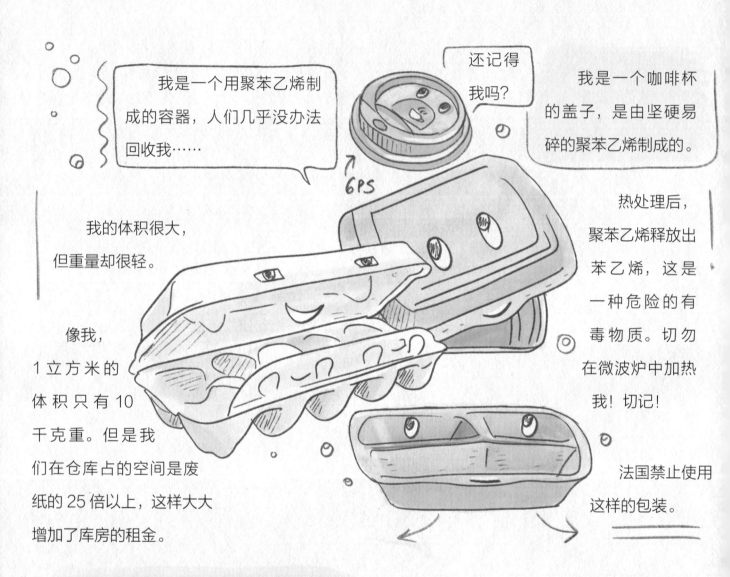

没人愿意回收我们。因此，请勿购买此类包装，建议制造商和商店寻找替代包装。

世界上每年要生产1400万吨发泡聚苯乙烯，海龟、鱼和鸟也会误食我们。

！EPS——发泡聚苯乙烯，98%都是空气填充的。

我也是一种塑料，和金属是好朋友，但这种友情会让地球变得更糟。

这种包装重量轻、方便顾客，还能起到保护产品的作用。

当重新熔化像这样的包装时，会发生以下情况：聚丙烯还未熔化的时候，包装已经开始受热卷曲。 也就是说，我们不能与金属分开，所以几乎没有人愿意回收这种包装。

像我这样的包装在市场上广受欢迎。

喷镀金属层使用很薄的铝箔。

避免使用带有90、92、LDPE、PP(5) 标记的，内部有金属光泽的包装。

镀金属薄膜和聚乙烯通过层压和挤压黏合在一起，从此我们的友谊更加牢固了，也更加像"垃圾"了。

每天早上起床，洗漱，收拾好自己后，
顺便也让你的星球变得井井有条。

《小王子》

安东尼·圣埃克苏佩里 / 著

108

我相信，现在你已经知道该
如何拯救我们美丽的星球了！

请记住，首先将你的习惯转变为环保习惯，然后再影响其他人加入。

从自己开始做起，世界将变得更加美好。

热爱自然和我们的星球，我相信你、你的朋友和家人每天都会变得更环保。

为能够帮助地球保持清洁和美丽而感到自豪，真是太好了！

在下一页，阿霞会分享十个重要的环保习惯。

你好，勇敢的生态骑士！现在，你已经拥有生态意识了！

为了让你方便开始，请从右侧页面的列表中选择一个习惯，并尝试在生活中这样做。即使是一个习惯也足以做到让地球向人们说声"谢谢"。

我相信你！当一个环保习惯不能满足你时，再增加一个。就当这是一场游戏，你一定会喜欢上的！

安娜·德姆琴科
为我画的肖像。

110

10 个简单重要的环保习惯：

1. 随身携带可重复使用的购物袋，了解家中袋子的用途。

2. 理智购物，因为我们要为每种产品及其包装"付款"。

3. 研究学习包装回收编码（三角形中的数字）。

4. 进行垃圾分类，然后将可回收材料送到正确的地方。

5. 拒绝不必要的一次性用品，如饮料吸管、塑料袋、传单等。

6. 尽量在咖啡馆喝咖啡，或使用可重复使用的杯子。索要真正的餐具，而不是一次性餐具。

7. 不使用茶包，自己泡茶喝，这样会更美味、更环保。

8. 偶尔尝试一下素食的生活。

9. 节省资源：节水（刷牙时、清洗蔬果时），节电（用节能灯泡代替传统灯泡），节约用纸。

10. 不要自责，你已经在环保路上并且做得足够多了！靠自己的行动感染他人吧！

图书在版编目(CIP)数据

别把地球装进塑料袋 / (俄罗斯) 阿霞·米兹科维奇
著；张秀芬译. -- 重庆：重庆出版社, 2022.7
书名原文：Ася и пластиковый мир
ISBN 978-7-229-16984-8

Ⅰ.①别… Ⅱ.①阿…②张… Ⅲ.①环境保护－青
少年读物 Ⅳ.①X-49

中国版本图书馆CIP数据核字(2022)第115367号

别把地球装进塑料袋
BIE BA DIQIU ZHUANG JIN SULIAODAI

[俄罗斯] 阿霞·米兹科维奇 著　张秀芬 译

出 品 人：刘　霜
策划总监：吕心星
策划编辑：周　杰　陈雨茹
审　　订：毛　达
责任编辑：张　跃
责任校对：刘小燕
设计总监：王　中
装帧设计：卓丽莉

 重庆出版集团
重庆出版社 出版

重庆市南岸区南滨路 162 号 1 幢　邮政编码：400061 http://www.cqph.com

心喜阅信息咨询（深圳）有限公司策划

咨询热线：0755-82705599 http://www.lovereadingbooks.com

深圳市福圣印刷有限公司

重庆出版集团图书发行有限公司发行

E-MAIL：fxchu@cqph.com 邮购电话：023-61520678

全国新华书店经销

开本：889mm×1194mm 1/16　印张：7　字数：100 千

2022 年 9 月第 1 版　2022 年 9 月第 1 次印刷

ISBN 978-7-229-16984-8

定价：88.00 元

如有印装质量问题，请向本集团图书发行有限公司调换：023-61520678